Mohamed Talballa
Mohammed Abdulgalil

Fontes locais para a produção de nitrocelulose

Mohamed Talballa
Mohammed Abdulgalil

Fontes locais para a produção de nitrocelulose

ScienciaScripts

Imprint

Any brand names and product names mentioned in this book are subject to trademark, brand or patent protection and are trademarks or registered trademarks of their respective holders. The use of brand names, product names, common names, trade names, product descriptions etc. even without a particular marking in this work is in no way to be construed to mean that such names may be regarded as unrestricted in respect of trademark and brand protection legislation and could thus be used by anyone.

Cover image: www.ingimage.com

This book is a translation from the original published under ISBN 978-3-659-81942-1.

Publisher:
Sciencia Scripts
is a trademark of
Dodo Books Indian Ocean Ltd. and OmniScriptum S.R.L publishing group

120 High Road, East Finchley, London, N2 9ED, United Kingdom
Str. Armeneasca 28/1, office 1, Chisinau MD-2012, Republic of Moldova, Europe
Printed at: see last page
ISBN: 978-620-8-20352-8

Dedicação

Com todo o amor e respeito, dedico este trabalho à minha:

Pais

Com os melhores votos para o meu:

Esposa, filho adorável e família

RECONHECIMENTO

Estou grato a Alá, em primeiro lugar, por me apoiar em tudo o que diz respeito à minha vida e desejo expressar a minha sincera gratidão e o meu mais profundo agradecimento ao meu supervisor, o professor Mohammed Talballa, pela sua incansável supervisão e assistência contínua, orientação, encorajamento e sugestões úteis durante o período desta investigação.

Estou grato ao chefe e ao pessoal do departamento de engenharia química da Universidade de Karary e um agradecimento especial ao Dr. Mohammed Suleiman, diretor do laboratório de química, pela sua ajuda.

Gostaria também de estender os meus agradecimentos em particular a todos os que contribuíram para o sucesso deste estudo. Por último, mas não menos importante, gostaria de expressar os meus agradecimentos à minha família pela sua paciência e compreensão.

Resumo

O presente estudo teve como objetivo investigar alguns resíduos agrícolas locais como materiais para a produção de α-celulose, que é adequada para o fabrico de nitrocelulose. Esses materiais são o bagaço de cana-de-açúcar, a palha de arroz, o caule de durra e a casca de amendoim. Os materiais fibrosos selecionados foram limpos para remover o pó e a sujidade, depois secos e moídos. As impurezas de cera e resinas foram removidas por extração com solvente, uma mistura de tolueno: etanol 2:1 durante seis horas num extrator de soxhlet, utilizando uma amostra de 3g. A lenhina foi separada por tratamento com uma solução ácida de clorito de sódio (deslenhificação). A hidrólise alcalina (NaOH a 18%) foi utilizada para remover as hemiceluloses, deixando a α-celulose. A α-celulose isolada foi caracterizada por espetroscopia de infravermelho com transformada de Fourier (FTIR). O teor de α-celulose dos quatro materiais selecionados, que foram o bagaço de cana-de-açúcar, a palha de arroz, o caule de durra e a casca de amendoim, contém 40,3%, 39,3%, 42,7% e 55,3% de α-celulose, respetivamente. Isto compara-se razoavelmente com os resultados de outros estudos anteriores, que foram 54,3%, 40, 65,75% para o bagaço, a palha de arroz e a casca de amendoim, respetivamente. A partir destes estudos, verificou-se que a casca de amendoim apresentou o teor mais elevado de α-celulose.

الخلاصــة

يهدف هـذا البحـث ايجـاد افضـل المـواد الخـام مـن حيـث محتـوى الفا ـ سـليلوز فـى المخلفـات الزراعيــة المحليــة لاسـتخدامها فـى صـناعة النيتروسـليلوز. ولقـد اجريـت هـذه الدراسـة علـى اربعـة خامـات وهـى البقـاس،قش الارز،قصـب الـذرة وقشـر الفـول. تـم تنظيـف العينـات مـن الغبـار والعوالـق بالمـاء ثـم التجفيـف والطحـن. وباسـتخدام مـذييات التولـوين :ايثـانول بنسبة (1:2) لمـدة 6 ساعات لعينـة وزنهـا 3جـرام فـى جهـاز الاسـتخلاص ثـم اذيـت المكونات العضوية كالـدهون والشـموع امـا اللجنـين فتمـت ازالتـه بواسـطة محلـول كلوريـد الصـوديوم فـى وجـود حمـض الاسـتيك ذى بتركيـز10% وبعـد ذلـك تـم فصـل الفـا ـ سـليلوز باذابـة الانـواع بيتـا وقامـا ـ سـليلوزفى محلـول هيدروكسـيد الصـوديوم بتركيـز18% ووجـد أن نـاتج الفـا ـ سـليلوزفى البقـاس وقـش الارز وقصـب الـذرة وقشـر الفـول يعـادل 40,3% و 39,3% و 42,7% و55,3% علـى التـــــــــــوالى. وبالمقارنــة بدراسـة سـابقة اجريـت علـى البقـاس وقـش الارز وقشـر الفـول كانـت54,3% و40% و 75,65% علـى الترتيـب. وبمـاان قشرالفول بـه اعلـى محتـوى لالفـا ـ سليلوز، سـيكون الافضـل فـى انتـاج النيتروس ـــــــــــــــــــــليلوز من بين المـــــواد الاربعة المختارة.

ÍNDICE DE CONTEÚDOS

Nomenclatura e abreviaturas

CMC: Carboxymethyle cellulose

DPA: Diphenyleamine

FTIR: Fourier Transform Infrared

g: gram

HCl: hydrochloric acid

KBr: Potassium bromide

MCC: Microcrystalline cellulose

O_2: Oxygen

W: Weight of sample

WWп: World War two

α: alpha

β: beta

γ: gamma

Capítulo I

Introdução

Capítulo I

Introdução

1.1 Antecedentes

A celulose é um polímero formado por uma cadeia linear de alinhamentos paralelos altamente ligados por ligações de hidrogénio e grupos hidroxilo expostos lateralmente, o que confere à celulose a resistência ao ataque químico, bem como a sua elevada resistência à tração [2]. A celulose encontra-se numa grande variedade de espécies, desde plantas superiores, como a madeira, até algas verdes. Pode ser derivada de uma variedade de fontes, como madeira, fibras de sementes, gramíneas, algas e bactérias [3]. A celulose ocorre na natureza quer na forma pura, no algodão, quer juntamente com outras impurezas, como a lenhina e as hemiceluloses [4].

A celulose e a lenhina são os componentes estruturais da parede celular das plantas. A lenhina é um produto insolúvel mal definido de elevado peso molecular, sensível e, por conseguinte, difícil de isolar de forma inalterada, uma vez que está intimamente associada à lenhina e às hemiceluloses [5]. A celulose é sintetizada nas plantas e em alguns microorganismos através do processo conhecido como fotossíntese. Neste processo, o dióxido de carbono (CO_2) e a água (H_2O) são combinados numa série complexa de reacções para produzir glucose ($C_6H_{10}O_5$) e oxigénio (O_2) [6]. Com base nestes dados, a fórmula empírica foi deduzida como sendo $(C_6H_{10}O_5)_n$ [7]. (Ver figuras abaixo):

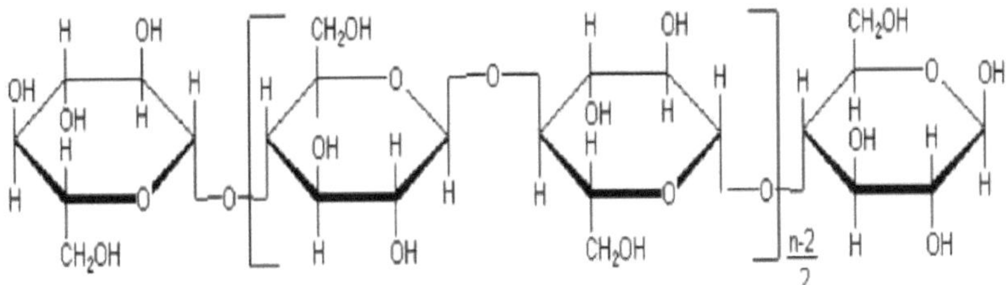

Fig(1.1): Estrutura da celulose

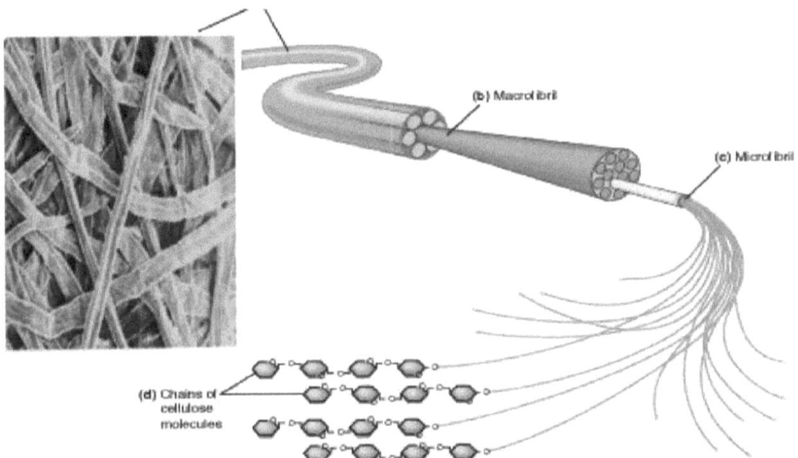

Figura (1.2): Disposição da celulose na parede celular das plantas

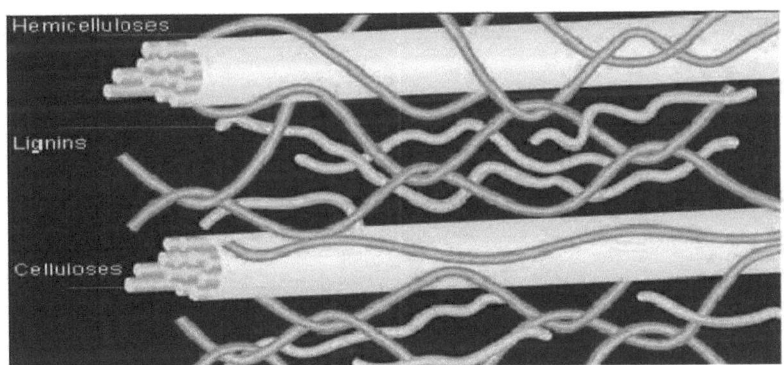

Figura (1.3): A posição da lenhina na matriz lignocelulósica

O presente trabalho foi efectuado na continuação de um trabalho anteriormente realizado [1]. Diferentes materiais contendo celulose obtidos de resíduos agrícolas foram investigados com o objetivo de estabelecer o estatuto das matérias-primas como fonte para a produção de nitrocelulose. Como uma grande fonte de fibras, o bagaço de cana de açúcar, a palha de arroz, o caule de durra e a casca de amendoim são recursos baratos e renováveis anualmente, adequados para a produção de fibra de celulose natural que contém grandes quantidades de matérias orgânicas. Estes resíduos orgânicos têm utilizações consideráveis na produção de biocombustíveis, produtos químicos e materiais. Em particular, a sua utilização como matéria-prima para a produção de pasta e papel torna-a comercialmente importante. Além disso, a utilização da celulose e dos seus derivados num conjunto diversificado de outras aplicações, tais como filmes, plásticos, revestimentos, agentes de suspensão e compósitos, continua a crescer a nível mundial [9]. Uma tentativa de minimizar o impacto ambiental e a utilização deste subproduto também beneficiará o ambiente.

1.2 Justificação

A celulose contém hemiceluloses, lignina e compostos de cera e óleo. Estes compostos são indesejáveis e devem ser removidos, pois provocam reacções secundárias e podem resultar em bloqueios que causam o encerramento da operação. Durante a nitração da celulose, estes compostos causam redução da produção, aumentam o custo operacional e afectam a qualidade. Este estudo utilizará o mesmo método com um processo de extração com uma mistura de tolueno e etanol. O estudo foi concebido para fornecer à indústria de nitrocelulose as informações necessárias sobre a melhor fonte local de α-celulose.

1.3 Declaração do problema

A aplicação da celulose em si é limitada devido à sua insolubilidade em água, à sua natureza hidrofílica e à sua elevada absorção de humidade, o que leva a uma fraca difusão. Certas partes das hemiceluloses, lenhina, pectina, cera e materiais de revestimento de óleo, mas os seus derivados, em particular a nitrocelulose, desempenham um papel importante na nossa vida quotidiana de que muitas vezes não temos consciência. O problema aqui é como podemos modificar a estrutura da celulose para que ela seja aplicável à produção de nitrocelulose.

1.4 Objectivos gerais

O principal objetivo desta investigação é isolar a α-celulose obtida a partir de fontes locais e purificá-la de modo a torná-la adequada para a produção de nitrocelulose.

1.5 Os objectivos específicos:

> Extração de celulose e isolamento de α-celulose do extrato.

> Caracterização da matéria-prima e do produto final.

> Determinação da percentagem dos constituintes (extractos, celulose, lenhina e α-celulose de quatro materiais selecionados).

1.6 Plano de investigação

O plano de investigação inclui três tarefas principais, descritas a seguir: -

Tarefas: Recolha dos materiais agro-resíduos a utilizar no estudo, nomeadamente bagaço de cana-de-açúcar, palha de arroz, caule de durra e casca de amendoim, todos obtidos em fontes locais nos Estados do Nilo Branco e do Kordufan, Sudão.

Tarefa2: Extração de celulose a partir destes materiais.

Tarefa3: Isolamento da α-celulose dos extractos e determinação do seu teor.

Tarefa4: Caracterização dos materiais nas várias fases utilizando FTIR.

Capítulo II

Revisão da literatura

Capítulo II

Revisão da literatura

2.1 Histórico:-

A celulose foi descoberta pela primeira vez pelo naturalista francês Henri Braconnot em 1819 [6]. O composto foi isolado e analisado pela primeira vez quinze anos mais tarde pelo botânico francês Anselme Payne [6], que lhe deu o nome moderno de celulose com base na sua origem ("célula") mais o sufixo "ose", ele reconheceu a celulose como uma substância definitiva e material comum das paredes celulares das plantas. Ele foi o primeiro a determinar a composição elementar da celulose e descobriu que a celulose contém 44% a 45% de carbono, 6% a 6,5% de hidrogénio e o restante é oxigénio [30].

Os primeiros estudos químicos sobre a celulose foram realizados por uma equipa de químicos ingleses, Charles F. et al. [6], que identificaram o composto que hoje conhecemos como celulose e apresentaram relatórios sobre a sua estrutura e propriedades. Descobriram que a celulose do algodão ou da madeira podia ser dissolvida sob a forma de xantato de celulose após tratamento com álcali e dissulfureto de carbono. A solução, denominada "viscose", era depois convertida de novo em celulose pura com ácido sulfúrico diluído [13].

A celulose sempre desempenhou um papel importante na vida do homem e as suas aplicações podem mesmo representar um marco na compreensão da evolução humana. Recentemente, Abidi et al.[15] determinaram a quantidade de celulose e de quatro açúcares principais na fibra de desenvolvimento do algodão e aplicaram a espetroscopia ATR-FTIR (Attitude Total Reflect Fourier Transfer Infra Red) e investigaram as alterações estruturais durante a formação da celulose do algodão. Na discussão sobre celulose e derivados de celulose, Sheppard e Newsome [18] estudaram a possibilidade de um tratamento analógico de dados sobre o acetato de celulose e concluíram que, de acordo com a ideia geralmente aceite, a esterificação diminui o poder de absorção de água do grupo hidroxilo.

2.2 Aplicações dos derivados da celulose:-

Claramente, a primeira tentativa de utilizar um propulsor de nitrocelulose como explosivo sem fumo foi feita por Lenk em 1862[12], que tentou, sem sucesso, utilizar algodão para armas. Os derivados da celulose têm estado disponíveis comercialmente desde a descoberta da nitrocelulose plastificada com cânfora como o primeiro material plástico sintético em 1868[8] e, posteriormente, o acetato de celulose começou a ser utilizado como verniz não inflamável para aeronaves durante a Primeira Guerra Mundial. Dymling, Giertz e Ranby [10] nitraram celuloses de várias fontes com uma mistura de ácidos não degradantes e extraíram fraccionalmente os nitratos com misturas de acetato de etilo e etanol. A celulose foi utilizada para produzir o primeiro polímero termoplástico bem sucedido, o celuloide, pela Hyatt Manufacturing Company em 1870[7]. Guttmann descreve o fabrico inicial de "nitroxilina" e "colodina" preparado por F. Volkmann em 18721875[12]. Em 1882, W. Reid [12] patenteou a aglutinação da nitrocelulose em grãos, que eram subsequentemente endurecidos por colagem superficial por imersão em éter e álcool. No ano seguinte, O. Wolff e M. Forster [12] publicaram o seu método de revestimento de pequenos grãos de algodão para armas com um solvente, com o objetivo de os tornar permanentemente húmidos. Em 1885, Johnston e Borland [12] revelaram uma nova ideia no fabrico de pólvora, ao descreverem a preparação da sua pólvora sem fumo J. B.. O material foi colocado num tambor, a água foi introduzida sob a forma de um spray e, após a granulação, os grãos foram secos e humedecidos com uma solução alcoólica de cânfora em benzeno, sendo o solvente posteriormente removido por evaporação. Este tratamento endurece os grãos e aumenta a sua inflamabilidade.

Tabela (2.1): A aplicação de derivados de celulose (ref.[5],[11],[7])

Acronmus	Name	Uses	Source	Process	Reference
CN	Cellulose nitrate	In explosives, paints,..etc.	α–cellulose	Nitration	5
MCC	Microcrystalline cellulose	In food, medical industries	α–cellulose	Acid hydrolysis	11
CMC	Carboxy methyl cellulose			Alkalation with NaOH	7

Os primeiros tecidos feitos a partir da nova seda artificial foram apresentados na Exposição de Invenções em 1885 e 1889 [13]. No entanto, o francês Conde Louis Chardonnet [13] é hoje considerado o fundador da indústria de fibras celulósicas regeneradas, pois produziu seda artificial a partir de nitrocelulose e aperfeiçoou as fibras celulósicas e os têxteis. Embora este primeiro processo de produção de fibras artificiais fosse simples em termos de conceito, mas lento em termos de funcionamento, era difícil de ampliar com segurança e relativamente pouco económico em comparação com os processos posteriores [14].

Em 1892-1893, Cross, et al.[17] inventaram o processo de fabrico de fibras artificiais de viscose. Este processo é praticado atualmente com uma produção de cerca de 3 milhões de toneladas por ano em todo o mundo. Utiliza a formação de xantogenato de celulose preparado por reação da celulose com hidróxido de sódio aquoso e CS2 e a sua decomposição por fiação num banho de ácido. Por fim, identificaram e caracterizaram a estrutura e as propriedades da celulose. Cross, Bevan e Beadle[29] iniciaram a produção comercial de fibras de acetato em 1919; em 1955, seguiram-se-lhes o desenvolvimento de fibras de elevada resistência em húmido, iniciado por Tachikawa em 1951 [29]. Na década de 1960, foram desenvolvidas fibras de raiom de alto módulo húmido para melhorar a resistência aos álcalis e aumentar as propriedades mecânicas das fibras húmidas e a estabilidade dimensional dos tecidos [29].

2.3   Extração de celulose:-

Para obter fibras isentas de lenhina como fonte de celulose a partir das matérias-primas mencionadas, são utilizados vários métodos, incluindo a moagem de materiais fibrosos obtidos a partir de resíduos agrícolas, a extração por solventes, a deslenhificação e a hidrólise alcalina. Outros métodos mecânicos utilizados nos tratamentos são a explosão a vapor e a irradiação ultra-sónica [9]. Também é bem conhecido que o tratamento dos materiais lignocelulósicos com clorito pode remover a maior parte da lignina e o isolamento seguinte pode ser efectuado à temperatura ambiente. Além disso, o método de Brendel extraído para a celulose e preparado para análise também utiliza quantidades menores de reagentes menos tóxicos, um passo de ácido nítrico-acético quente para remover tanto a lenhina como as hemiceluloses da fibra[26].

A estrutura acristalina da celulose foi descrita pela primeira vez por Mark e Meyer em 1928. Experiências posteriores realizadas por Atalla e Vander Hart em 1984 [27] utilizando 1H-NMR indicaram que a celulose nativa continha dois alomorfos que foram designados. Esta imagem foi confirmada por Wada et al. [27].

Existem muitos métodos de extração de celulose; os métodos actuais incluem a modificação do método de Jayme-Wise, Brendel e Diglyme-HCl [20]. Estes métodos centram-se essencialmente na análise de isótopos estáveis. (Wallis, et., al., 1997) desenvolveram o método Diglyme e (Macfarlane, et., al., 1999) modificaram-no para produzir celulose a partir de madeira inteira utilizando a forma mais simples de remover a maioria dos extractivos, hemicelulose e lenhina, demora menos de 24 horas a concluir numa única etapa de processamento, não requerendo material de vidro especializado, mas o método continua a ser fastidioso, moroso e com risco de perda de amostras [21]. Os dois métodos diferem consideravelmente na facilidade de utilização, mas o último requer menos tempo e equipamento especializado [20]. No entanto, o método Diglyme-HCl deixa um pequeno resíduo de lignina na celulose bruta, enquanto que a α-celulose produzida pelo método Jayme-Wise é relativamente pura [20].

A separação da celulose na pasta em fracções de alfa, beta e gama-celulose é um procedimento empírico, originalmente concebido por Cross & Bevan por volta de 1900[17], e tem sido amplamente utilizado para avaliar as pastas para vários fins, tais como as caraterísticas de envelhecimento e a resposta às operações de refinação. Hermann Staudinger,1920[7] determinou a estrutura polimérica da celulose, mencionou o conceito de reacções análogas a polímeros por grupos hidroxilo nas suas experiências fundamentais. Por outro lado, foi observado que a estrutura super molecular do polímero pode desempenhar um papel importante na determinação da taxa e do grau final de conversão, bem como na distribuição dos grupos funcionais, o que foi bem reconhecido para a celulose.

Hamilton et. al. [10] obtiveram dois tipos distintos de hemiceluloses por extração com hidróxido de sódio a 18,5% de celulose de madeira produzida a partir de cicuta ocidental pelo processo de sulfito. Das, et. al. [10] afirmam ter isolado resíduos de α-celulose de juta, enquanto Adams e Bishop não conseguiram substanciar este resultado. O composto foi sintetizado quimicamente pela primeira vez (sem a utilização de quaisquer enzimas de origem biológica) por Kobayashi e Shoda [7]. Alguns trabalhadores tomaram a iniciativa de investigar a qualidade e a quantidade de celulose presente nos resíduos agrícolas. Toor e Mubin investigaram as propriedades e a adequação das polpas obtidas de origem não-lenhosa [23].

2.4 Isolamento da α-celulose :-

E.Schulze[10], em 1892, definiu a celulose como um componente das paredes celulares das plantas que é insolúvel em álcali aquoso e resistente ao ataque de ácidos diluídos e aos agentes deslignificantes clorato de potássio e ácido nítrico. De acordo com esta base de definição (E. Schulze, 1892) reconheceu que a celulose era composta por muitos resíduos. Desde essa altura, os trabalhadores acreditavam que a celulose preparada a partir de madeira macia continha apenas resíduos de manose e xilose após hidrólise ácida prolongada ou extração exaustiva com álcali, até que em 1948 Wise e Ratiff[10] isolaram a α-celulose e afirmam ter conseguido isso.

Hamilton e Quimby [10] prepararam α-celulose com um elevado teor de hidroglucose a partir de cicuta ocidental, que continha 99,1% de resíduos de glucose. Estes trabalhadores verificaram que as soluções de hidróxido de sódio e de hidróxido de lítio eram mais eficazes do que a solução de hidróxido de potássio para remover os resíduos da celulose da madeira. Jones, Wise e Jappe [10] verificaram que a extração com hidróxido de potássio a 16% dava um rendimento de 2,5% de resíduos de manose, ao passo que a adição de ácido bórico a 4% aumentava o rendimento para 10%. Synder e Time11[10] demonstraram a limitação do processo de extração para separar os resíduos de uma mistura artificial de celulose. Centola [ibid] nitrou várias polpas de madeira e analisou o teor de açúcar. Mais uma vez, Matsuzakis e Ward [ibid] efectuam as mesmas investigações, tal como Leech em 1952 [ibid]. Anthis caracterizou a cristalinidade da α-celulose em 1956 [ibid]. Haworth, na década de 1920 [5], propôs uma estrutura macromolecular semelhante a uma cadeia, enquanto Staudinger [ibid] apresentou a prova final da natureza altamente polimérica das moléculas de celulose. Uma caraterização mais aprofundada foi feita por Cross & Bevan [17] em 1900, que removeram os materiais vegetais relacionados que ocorrem em combinação com a celulose, dissolvendo-os numa solução concentrada de hidróxido de sódio e designaram o resíduo não dissolvido como α-celulose, e o material solúvel designado como α-celulose e γ-celulose, que mais tarde se demonstrou não ser celulose, mas sim açúcar relativamente simples e outros hidratos de carbono [4].

A origem da química da celulose como um ramo da investigação de polímeros pode ser rastreada até às experiências fundamentais de H. Staudinger [17] nas décadas de 1920 e 1930 sobre a acetilação e desacetilação da celulose; estas experiências resultaram no conceito de reacções análogas a polímeros. A composição química das matérias-primas comunicada por vários investigadores é apresentada no quadro seguinte:

Tabela (2.2) Componentes químicos das matérias-primas (ref.[12],[2],[13],[5])

Raw material	Extract%	Lignin%	Cellulos%	α–cellulose%	β,γ–cellulose %	Reference
Sugarcane bagasse	0.7-3.5	24-25	54.3-55.2	54.3-65.2	16.8-29.7	12
Rice straw	10	22.3	32	40	35.7	2
Durra stalk	....	....	....	....	....	....
Groundnut shell	6	....	....	65.75	....	13
Cotton	0.4	1	95-97	90	2	5

2.5 Nitrocelulose:-

A N itrocelulose é um tipo de éster de hidratos de carbono do ácido nítrico. É o derivado mais importante da celulose. É produzida a partir de géis de celulose e pode ser produzida de várias formas, tais como a permuta de solventes de uma solução de celulose com água, a extração/concentração de celulose bacteriana e processos de alto cisalhamento por nitração da celulose através da exposição ao ácido nítrico ou a sais de nitrato, tais como os nitratos de magnésio, amónio e sódio[5]. Trata-se de um material altamente inflamável desenvolvido no século XIX [ibid]. Hoje em dia, a nitrocelulose é utilizada em aplicações militares, em todos os tipos de pólvora sem fumo, em rastilhos à prova de água em pirotecnia, em gelatina explosiva e dinamite, e na indústria civil, em celuloide, películas, adesivos, vernizes, couro artificial, resinas, revestimentos de laca, secções de embutimento em microscopia, fotografia, eletrotécnica, galvanoplastia, tintas de impressão, indústria farmacêutica e até em certos plásticos como bolas de pingue-pongue, devido às suas propriedades físicas excepcionais. Estas propriedades são o resultado direto da microestrutura da celulose [5], que é composta por moléculas de polissacáridos de cadeia longa altamente orientadas. Muitos investigadores tentaram desenvolver e melhorar a nitrocelulose. Estes esforços conduziram a várias classificações de nitrocelulose que diferem entre si nas suas propriedades físicas de acordo com aplicações intencionais. Trata-se de um plástico branco, amarelo ou transparente, que pode ser frágil ou flexível, tudo isto determinado pelo teor de azoto, que varia entre 10 e 14% [ibid]. As variações no teor de azoto conferem caraterísticas diferentes a cada formulação. A nitrocelulose com teor de azoto inferior a 12,3% é utilizada para vernizes, revestimentos e tintas. O teor de azoto superior a 12,6% é considerado um explosivo e é conhecido como "nitrato de celulose", "lã de colódio", "algodão de colódio", "piroxilina", "xiloidina", "Parlódio", etc.

A primeira preparação de nitrocelulose foi feita por Braconnot em Nancy, em 1833 [28], a partir de origem vegetal. O produto é sólido, facilmente inflamável, queima sem qualquer resíduo e contém 5-6% de azoto. Pelouze [ibid] descobriu a dissolução da celulose em 1838, investigou um produto semelhante ao de Braconnot, mas que não se dissolvia em ácido nítrico, denominado piroxilina. Todas as primeiras tentativas de controlo da substância foram desastrosas devido ao ácido retido nas fibras. Frederick Abel [19] demonstrou que este problema podia ser ultrapassado fervendo e despolpando o material até que não restasse qualquer estrutura fibrosa. Aperfeiçoou o processo de purificação, permitindo um fabrico "seguro". Em 1846, um químico suíço-alemão, Christian Shonbein [6], descobriu um método mais fácil de sintetizar a nitrocelulose, quando limpou o ácido nítrico acidentalmente derramado sobre uma mesa com um avental de algodão e o avental molhado foi exposto à secagem num fogão. Ao secar, o avental brilhou e explodiu. Ficou surpreendido ao descobrir que o algodão e o ácido nítrico reagiam para formar um novo composto que explodia quando aquecido, libertando uma explosão de fumo negro. Shonbein[10] aperfeiçoou o método atual de síntese da nitrocelulose através do processo de humedecimento do algodão numa mistura de ácidos nítrico e sulfúrico, sendo o produto utilizado como agente de explosão. Era mais potente, altamente sensível e difícil de manusear do que a pólvora como propulsor.

Nesta revisão, é utilizada uma abordagem histórica para discutir as famílias básicas de solventes adequados para a dissolução da celulose. Houve três descobertas importantes que levaram ao crescimento de certas "famílias de solventes". Schoenbein [13] descreveu a formação de celulose nitrada (derivados organo-solúveis de celulose) que podem ser usados como intermediários solúveis para a modificação da biomacromolécula. Começou a examinar as propriedades do ozono e do oxigénio ativo. Também investigou como várias substâncias orgânicas e inorgânicas como o algodão, o açúcar, etc. se comportam quando tratadas com ácido nítrico na presença de ácido sulfúrico [10] e fez as suas experiências no algodão com uma mistura de HNO_3/H_2SO_4 com o objetivo de sintetizar explosivos que se tornou importante [13] investigou o algodão para armas e enfatizou a possibilidade de o utilizar como pólvora na aplicação em larga escala da nitrocelulose como explosivo ao mesmo tempo. Bottger [19] relatou a preparação de algodão explosivo em 1846, enquanto entretanto Otto [12] conseguiu produzir um algodão explosivo em 1846, semelhante ao algodão para armas de **Schoenbein**, mergulhando o algodão em ácido nítrico concentrado durante cerca de meio minuto, seguido de lavagem e secagem.

Surgiu uma séria dificuldade quando foram efectuados novos ensaios para alargar as experiências de **Schoenbein** e desenvolver uma escala de produção. Este trabalho conduziu a uma explosão em 1847[13] na fábrica de nitrocelulose dos Srs. John Hall & sons em Faversham, na Grã-Bretanha, devido à decomposição espontânea da nitrocelulose devido à baixa estabilidade química do produto[5]. Em 1848, em França, um edifício de armazenamento que continha algodão para armas sofreu um desastre semelhante e, mais tarde, uma explosão ocorreu numa fábrica austríaca de nitrocelulose Lenk Von Wolfsbrug em 1853[5].

A preparação do reagente de Schweitzer, em 1856-18571859[17], mostrou que sistemas aquosos como o Cuoxam também podem dissolver a celulose, ou seja, uma solução de hidróxido de cobre e amónio que representa o primeiro solvente para a celulose. Em 1934, Charles Graenacher[13] descobriu um novo tipo de solvente, capaz de fornecer soluções claras do polímero sem modificação química, e a síntese de um acetato de celulose organo-solúvel por Schtzenberger em 1865[17]. As soluções desta celulose quimicamente modificada em éter dietílico/etanol foram exploradas para a moldagem do polímero por

Joseph Swan, que procurava uma melhor fibra de carbono adequada para filamentos de lâmpadas. Ele descobriu como desnitrar o derivado de celulose usando hidrosulfato de amónio [13]. Em 1868[5], Abel demonstrou a primeira aplicação da nitrocelulose como carga explosiva, que mais tarde foi amplamente utilizada em minas navais e projécteis durante a Segunda Guerra Mundial [17].

Em 1868, Abel[17] fez progressos significativos quando conseguiu demonstrar que os acidentes com a nitrocelulose eram o resultado de uma purificação inadequada do algodão para armas. No entanto, Alfred Nobel[14] deu um contributo ainda mais significativo ao introduzir, em 1889, a difenil amina DPA como aditivo estabilizador nos explosivos à base de nitrocelulose. A fórmula de nitrocelulose desenvolvida por Nobel foi amplamente utilizada em explosivos militares e civis devido à sua notável estabilidade.

Em 1884, Schultze[10] fabricou pela primeira vez nitrocelulose coloidal. Em 1888, Alfred Noble[19] inventou a nitrocelulose solúvel em proporções variáveis com uma pequena quantidade de anilina ou de estabilizador difenilamina; combinou nitrocelulose e nitroglicerina para formar a balistite, e o Governo britânico seguiu-se-lhe no ano seguinte com a cordite. Nos Estados Unidos, C. E. Munroe[12] iniciou as suas experiências com nitrato de celulose em pó em 1889, culminando com a introdução do Indurate e a adoção de um nitrato de celulose puro como pólvora oficial. Em 1884, Paul Vielle[10] fixou firmemente o seu lugar como o pai da pólvora sem fumo ao produzir a primeira nitrocelulose completamente colidida chamada "Poudre B" para fins militares[12]. O esforço de Mendeleev[12] na investigação da nitração da celulose durante 1891-1895 para preparar uma nitrocelulose com elevado teor de azoto para ser utilizada como pólvora explosiva e completamente solúvel em álcool etéreo, levou à produção de "pirocelulose" contendo 12,60% de azoto.

O químico francês Vieille[17] produziu a sua pólvora sem fumo para fins militares. Troisdorf, et al.[17] utilizam a pólvora de pirocolódio de Mendeleeff usada na marinha russa, a pólvora belga de Wetteren, a pólvora alemã em flocos, a pólvora austríaca de Schwab, e as pólvoras de serviço dos Estados Unidos e de França, e as pólvoras de nitrocelu- lose-nitroglicerol tipificadas pela cordite, e usadas pela Inglaterra e em quantidades mais limitadas por alguns outros países, como a pólvora austríaca modelo 1893 [5]. Alguns autores fazem uma distinção na classificação entre os pós de nitrocelulose que contêm nitratos metálicos e, em menor grau, cloratos metálicos, mas a tendência atual no fabrico de explosivos é para a simplicidade e a introdução de não mais variáveis do que as necessárias. Embora tenha sido dado um grande passo em frente na mudança da pólvora fumígena para o nitrato de celulose sem fumo, ainda está aberta uma outra oportunidade para um avanço distinto: a produção de uma pólvora sem fumo sem chama, de modo a não revelar a posição da força atacante [25]. Devido à elevada temperatura de explosão da pólvora sem fumo, é ejectada uma chama considerável do braço, principalmente devido ao facto de as partículas sólidas expelidas serem aquecidas até ao ponto de incandescência. Isto é especialmente verdade no caso dos pós de nitroglicerina, que têm uma temperatura de explosão mais elevada do que os compostos inteiramente de nitrocelulose. C. Duttenhofer[ibid] propõe superar parcialmente esta situação através da adição de bicarbonato de sódio ao pó, que, ao perder a sua água de cristalização e o dióxido de carbono, tem o efeito de arrefecer a chama[ibid]. A. Cocking[21] patenteou a utilização de uma combinação de tartaratos de bário e de potássio, enquanto a vaselina, os óleos vegetais e os sabões também foram propostos para os mesmos fins, mas o assunto pode ser considerado, atualmente, como estando em fase experimental. Em comparação com a pólvora, os explosivos modernos à base de nitrato de celulose caracterizam-se por uma potência muito superior, proporcionando um alcance muito maior, uma trajetória mais plana e uma maior penetração dos projécteis disparados tanto por espingardas como por artilharia, alterando assim, em ligação com a sua ausência de fumo, as condições e tácticas da guerra terrestre e naval. Welson e Miles[5] examinaram a absorção de ácido nítrico sob a forma de vapor a partir de uma mistura de ácido nítrico e água sob pressão e obtiveram diferentes tipos de nitrocelulose e, mais recentemente, Chedin[ibid] estudou a utilização de ácido usado para a nitração através do aumento da pressão, mas os problemas residem no inchaço do produto e na possibilidade de surgirem compostos complexos. Outros métodos de nitração são a nitração utilizando uma mistura de (HNO_3 , H_2SO_4, H_2O), (HNO_3, H_3PO_4, H_2O), (HNO_3, HCO_4, H_2O), sais de nitrato. Óxidos de azoto ou cloreto de nitrónio. Ocorreram várias vezes acidentes com explosões em fábricas de nitrocelulose, por exemplo na Grã-Bretanha, em França e na Áustria, e a utilização de algodão para armas como explosivo foi limitada durante muitos anos[ibid].

A Rússia adoptou uma pólvora militar sem fumo fabricada a partir de pirocelulose por colagem com álcool etílico, e os Estados Unidos, em 1898[12], utilizavam uma pólvora semelhante na guerra hispano-americana. T.Irhaxskl e A. Siemaszko[12] examinaram a ação do cloreto de nitrilo sobre a celulose. Acreditava-se que o cloreto de nitrilo poderia produzir nitrato de celulose de maior estabilidade do que o produzido pela mistura nitrante comum composta de ácidos nítrico e sulfúrico. É sabido que a presença deste último nas misturas nitrantes conduz à formação de ésteres mistos dos ácidos nítrico e sulfúrico. Estes ésteres não são facilmente hidrolisados durante o processo habitual de estabilização. Sabe-se também que a nitração apenas com ácido nítrico não pode fornecer um produto uniformemente nitrado, uma vez que, durante a nitração, ocorre o inchaço das fibras de celulose e a hidrólise de subprodutos instáveis [16].

2.6 Métodos de nitração industrial

2.6.1 Nitração em vasos:

Trata-se do método mais antigo introduzido por Abel[5], cujo problema é a decomposição espontânea durante as etapas de nitração.

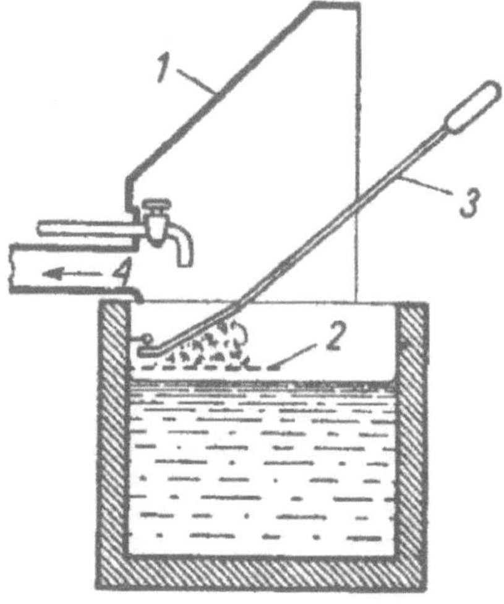

Fig(2.1)Nitração em vaso segundo Abel (sem camisa de arrefecimento)

1-capela de exaustão 2-rede 3-pá de alumínio com pega 4-canal de ventilação

A desvantagem, devido à pequena quantidade de manuseamento, ao ambiente insalubre e ao longo tempo de nitração, foi utilizada durante a Primeira Guerra Mundial na

Grã-Bretanha, França e Rússia.

2.6.2 Processo centrífugo: desenvolvido por Selwig e Lang[5].

2.6.3 Processo de nitração por deslocamento de Thomson: é utilizado exclusivamente.

Esta parte estável é frequentemente definida como holocelulose, obtida após limpeza ácido-base e branqueamento com clorito de sódio [5].

Método de Thomson patenteado por J.M Thomson e W.T Thomson na Grã-Bretanha.

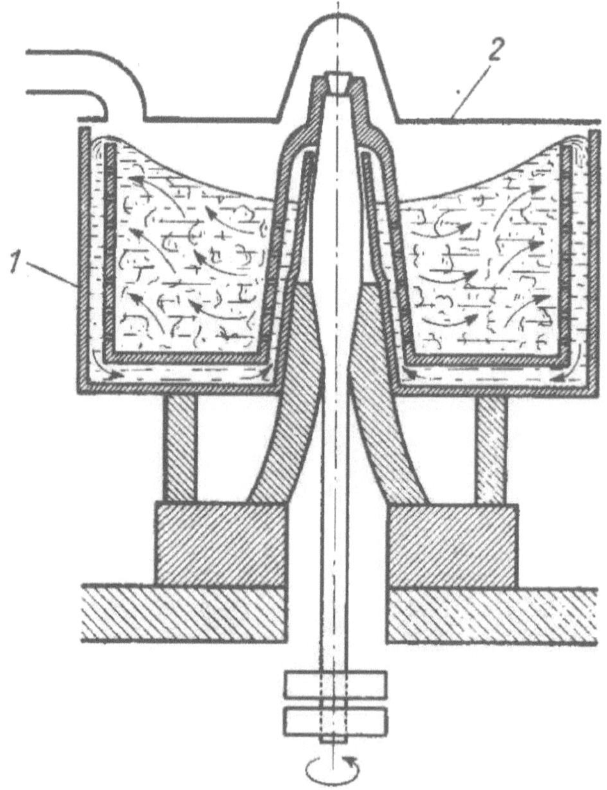

F ig (2.2) Diagrama da centrífuga de nitração de Slwig e Lang de acordo com P ascal

2 .6.4 Nitração com agitação mecânica introduzida pela DuPont nos EUA[5].

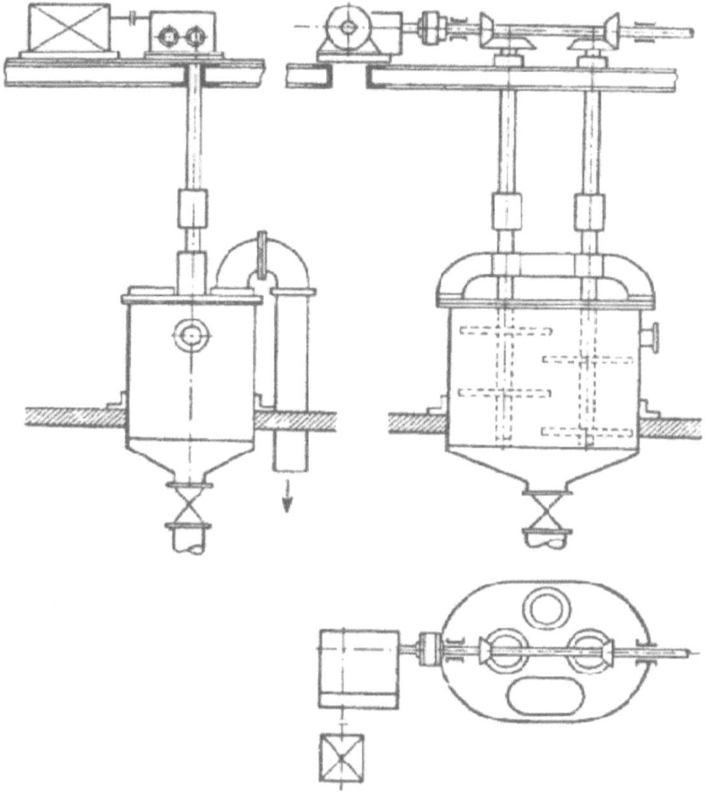

F ig (2.3) Diagrama para nitradores mecânicos de acordo com Bonwitt[5]

2.6.5 Método alemão: utilizado na fábrica Krummel emWWn*[5]*

2.6.6 Método contínuo de nitração: patenteado por Meissner*[5]*.

A nova ideia de fabrico de nitrocelulose consiste em nitrar a celulose na presença de um solvente (por exemplo, cloreto de metilo, nitrometano).

Capítulo III

Trabalho experimental

Experimental

3.1 Materiais:-

3.1.1 Matérias-primas:

O bagaço de cana-de-açúcar foi obtido da empresa açucareira Kenana e a palha de arroz (palheiro) do Estado do Nilo Branco (Aldeweim), o caule de durra e a casca de amendoim do Estado do Cordofão do Norte.

Quadro (3.1) A área de amostragem e os nomes comuns das matérias-primas

Raw material	Scientific name	Common name	Sampling area	Status of area
Sugarcane bagasse	Sugarcane bagasse	sugarcane stem	White Nile St., Kenana	Urban
Rice straw	Rice straw	Haystack (Tibin)	White Nile St., Al Deweim	Rural&Urban
Durra stalk	Durra stalk	Millet stalk	Northern Kordufan St.	Rural
Groundnut shell	Groundnut shell	Groundnut husk	Northern Kordufan St.	Rural&Urban

3.1.1 Produtos químicos:

- **Etanol** (99,99% , líquido, fornecido por Carlo Erba Reagent,).
- **Tolueno** (99,5%, líquido, fornecido por Romil Cambridge-GB,).
- **Clorito de sódio** (em pó, fornecido por Carlo Erba Reagent).
- **Ácido acético glacial** (líquido, fornecido por Breckland Scientific).
- **Hidróxido de sódio** (Paletes, fornecidas por Carlo Erba Reagent).
- **Água destilada**

3.2 Equipamentos:

- **Moinho de trituração** (Dietez, Alemanha).

- **Extrator de Soxhlet** (Barnstead electro thermal, UK).

- **Material de vidro:** béqueres (120 ml, 100 ml), frascos cónicos de 250 ml, proveta graduada de 10 ml, vareta de vidro para agitar, prato de secagem e funchos.

- **Agitador magnético** (Bibby Sterilin, Reino Unido).

- **Estufa de secagem** (Kottermana, Alemanha).

- **Pinças e cadinhos**.

- **Balança analítica** (A&D Company, Japão).

- Espectrofotómetro **FTIR** (Shimadzu, Japão).

3.3 Métodos:-

3.3.1 Visão geral:

Nesta investigação, relatamos o processo utilizado para isolar a α-celulose pelo método de Jayme-Wise a partir de amostras moídas, desparafinadas e deslenhificadas. O método de Jayme-Wise é um dos vários métodos utilizados para determinar os teores de celulose, hemiceluloses e lignina. O método envolve três passos para isolar a α-celulose através de pré-tratamento (secagem e trituração). Os materiais fibrosos secos e moídos são submetidos ao primeiro passo do processo de isolamento, que é a extração soxhlet com tolueno: mistura de etanol 2:1 por volume para remover compostos orgânicos solúveis, como ceras, óleos, gorduras e resinas que se referem a extrativos, seguidos de deslignificação para remover a lignina; a parte solúvel da fibra usando solução acidificada de clorito de sódio e ácido acético para produzir holocelulose; a parte insolúvel do material vegetal, o último passo é a hidrólise alcalina da holocelulose para produzir α-celulose insolúvel e α-celulose solúvel e γ-celulose (hemiceluloses). Em geral, a α-celulose indica um teor de celulose não degradada, de peso molecular mais elevado, na pasta, que resiste a 17,5% de solução de hidróxido de sódio nas condições do ensaio. A α-celulose indica que a celulose degradada é a fração solúvel que se reprecipita com a acidificação da solução e a γ-celulose é a fração que permanece na solução, constituída principalmente por hemicelulose.

Na preparação da fibra celulósica para a produção de nitrocelulose, são necessários alguns tratamentos para a extração de α-celulose das amostras (o processo é realizado em três etapas principais: extração, deslenhificação e separação da α-celulose). Um método para a remoção de impurezas como gorduras, cera, lignina e outros extractivos é feito pelo seguinte processo. Em primeiro lugar, as amostras recolhidas foram cortadas em pequenos pedaços com uma faca, limpas com água para remover o pó e a sujidade aderentes e, em seguida, secas numa estufa a 105C. As amostras cortadas e secas foram trituradas num moinho elétrico até se obter um pó fino. As amostras trituradas foram submetidas a extração com uma mistura de tolueno/etanol num extrator de soxhlet a uma temperatura de ebulição durante seis horas, de modo a remover os materiais extraíveis, tais como resinas, ceras, gorduras e óleos. As amostras extraídas foram secas a 60 °C durante 16 horas e pesadas em seguida. O pó seco desparafinado foi deslenhificado com uma solução de clorito de sódio na presença de ácido acético para remover a lenhina. O último passo é a separação da α-celulose por hidrólise alcalina das partes β e γ numa solução de hidróxido de sódio a 18%. Todos os pesos e cálculos foram efectuados em base seca em estufa (65°C durante a noite). Foram seguidos os procedimentos analíticos dos métodos de ensaio para a determinação do extrato, do teor de lenhina e do teor de α-celulose. O rendimento foi medido como a relação entre a massa de material obtida após a fase de tratamento e a massa inicial utilizada para efetuar o mesmo.

3.3.2 Extração de fibras:

A figura (3.1) representa a configuração laboratorial para a extração de fibras (resíduos) da matéria-prima. Inclui a manta de aquecimento para ferver a mistura e o condensador no topo do balão de fundo circular para condensar o solvente e devolvê-lo ao balão com os extractivos. O processo de extração foi realizado num aparelho de soxhlet. Foram pesados 3 g das quatro amostras secas moídas, colocadas num saco de filtro e transferidas para um extrator de soxhlet, que foi tapado com um balão de 500 ml previamente pesado. O balão de fundo redondo contém 300 ml de mistura de extração preparada previamente a partir de tolueno: etanol na proporção de 2:1 em volume. O balão com o solvente de extração foi aquecido por uma manta e o resto do extrator de soxhlet foi montado. As mangueiras de borracha foram ligadas à saída de água, ao condensador e ao lavatório para fornecer arrefecimento, tendo o fluxo de arrefecimento sido ajustado. Em seguida, a mistura no balão foi aquecida e a temperatura foi ajustada para o ponto de ebulição do etanol (65°).

O processo de extração foi prolongado até seis horas, após o que a amostra livre extraída foi deixada no solvente durante 16 horas, sendo depois retirada e deixada a secar numa estufa a 65° durante a noite e depois pesada. A mistura que contém as impurezas foi recolhida por evaporação, deixando o restante material no frasco e a farinha no frasco foi arrefecida, seca numa estufa e pesada para determinar a percentagem de extrato utilizando a eq. (3.1).

$$Residue\ \% \ = \ \frac{W2}{W1} \times 100 \dots\dots\dots\dots\dots\dots\dots\dots\dots\dots\dots 3.1$$

$$Organic\ phase\ Extract\ \% \ = \ \frac{W1 - W2}{W1} \times 100 \dots\dots\dots\dots 3.2$$

Onde:

W1 é o peso da amostra crua seca em estufa.
W2 é o peso da amostra livre extraída e seca em estufa.

Note-se que as amostras foram moídas para aumentar a área de superfície; quanto mais fino for o material moído, mais rápido será o processo de extração. O moinho Dietez é especialmente utilizado para a moagem. O arrefecimento da água é necessário para minimizar as perdas por evaporação durante a extração por soxhlet. Sem arrefecimento, a mistura evapora-se através do condensador e da campânula e o frasco arde.

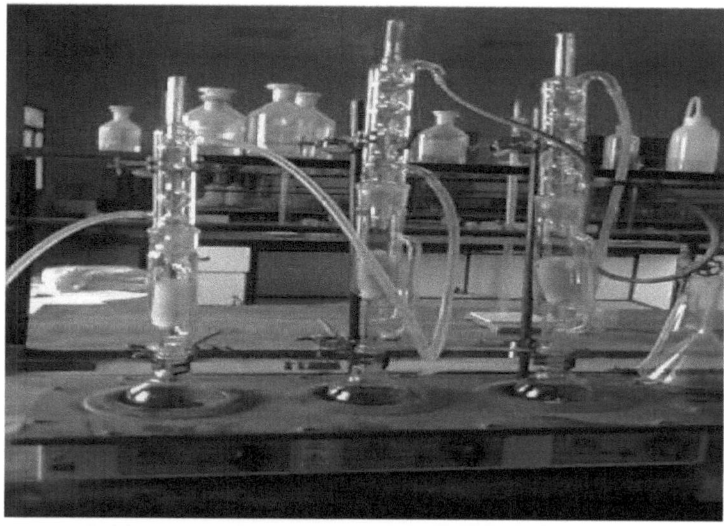

3.3.3 Deslenhificação:

A figura (3.2) mostra a configuração do laboratório para deslenhificação. Inclui o agitador magnético com placa quente para ferver a mistura. A amostra moída sem extrato foi transferida para um balão de fundo plano de 250 ml, tendo sido adicionados à amostra 120 ml de solução de clorito de sódio a 6% e um ml de ácido acético glacial para ajustar o pH a (3,9-4). O balão foi tapado e agitado numa placa de aquecimento e aquecido durante duas horas a 75°.

A mistura de reação foi deixada arrefecer, à temperatura ambiente, durante 24 horas. No final deste período, a amostra apresentava um aspeto amarelo pálido; a lenhina estava dissolvida. A mistura contendo a lenhina solúvel foi decantada dos sólidos remanescentes, depois misturada com 150 ml de água destilada fria e deixada assentar, sendo depois decantada. Este procedimento foi repetido cinco vezes e a amostra foi então filtrada em papel de filtro previamente pesado colocado num funil, lavada com água destilada várias vezes até a solução de lavagem se tornar neutra, o que foi indicado por papel de tornassol azul. O papel de filtro e os resíduos foram transferidos para um cadinho e secos na estufa a 65° durante a noite.

O teor de lenhina foi determinado a partir da diferença de peso entre o extrato seco da amostra e a holocelulose seca. As percentagens de lenhina e celulose, com base no peso da amostra bruta, foram calculadas pelas equações (3.3) e (3.4) abaixo:

$$Lignin\ \% \ = \ \frac{W2 - W3}{W1} \times 100 \dots\dots\dots\dots\dots\dots\dots\dots\dots\dots3.3$$

O teor de celulose de cada material foi determinado como a razão entre a amostra seca sem lenhina e o peso das amostras, expresso em percentagem de acordo com esta equação:

$$Cellulose\ \% \ = \ \frac{W3}{W1} \times 100 \dots\dots\dots\dots\dots\dots\dots\dots\dots\dots3.4$$

Onde:

W3 é o peso da amostra isenta de lenhina (celulose pura) seca em estufa.

Fig (3.2) Instalação laboratorial para o processo de deslenhificação

3.3.4 Hidrólise alcalina (isolamento de α-celulose):

É um dos métodos mais utilizados na preparação de α-celulose através da remoção da substância que acompanha a celulose. A solução de hidróxido de sódio a 18% foi preparada adicionando 18 g de hidróxido de sódio a 100 ml de água destilada. A amostra seca e deslenhificada foi transferida para um erlenmeyer de 250 ml, tendo sido adicionados 60 ml da solução de hidróxido de sódio preparada a cada amostra e arrefecida a 4 °C durante 24 horas. Após a conclusão da reação, a solução de hidróxido de sódio foi decantada da α-celulose resultante. A α-celulose foi filtrada com papel de filtro previamente pesado num funil e submetida a tratamento com ácido acético glacial para neutralizar o hidróxido de sódio. O ácido foi removido por nova filtração com água destilada até a α-celulose ficar isenta de ácido, o que foi indicado por papel de tornassol azul; o filtrado contém hemiceluloses.

A α-celulose foi transferida para um cadinho e seca na estufa a 70 °C até peso constante. A α-celulose e a β, γ-celulose foram calculadas como se segue:

$$\alpha-cellulose\ \% = \frac{W4}{W1} \times 100 \ldots\ldots\ldots\ldots\ldots\ldots\ldots\ldots\ldots\ldots\ldots\ 3.5$$

$$Hemicellulose(\beta\ and\ \gamma) = \frac{W3 - W4}{W1} \times 100 \ldots\ldots\ldots\ldots\ldots\ldots 3.6$$

Onde:

W4 é o peso do resíduo seco em estufa que resta (α-celulose).

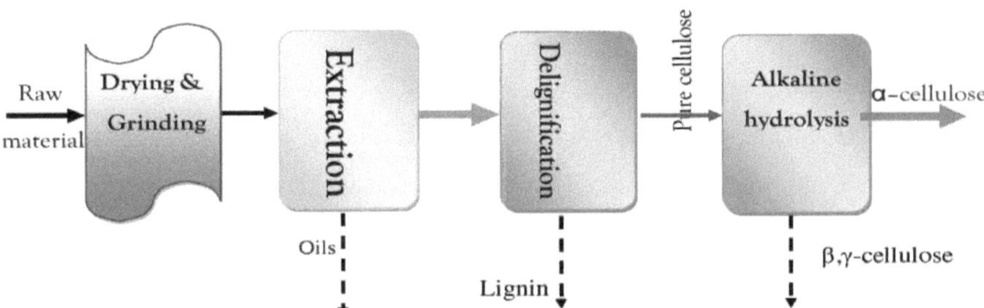

Fig. (3.3): Fluxograma do processo de isolamento da a-celulose

3.3.5 Caracterização:-

3.3.5.1 Análise química das amostras:

A composição química da planta dá uma ideia da viabilidade da planta como matéria-prima para a produção de nitrocelulose. O constituinte fibroso é a parte mais importante da planta. Uma vez que as fibras vegetais são constituídas por paredes celulares, a composição e a quantidade de fibras reflectem-se nas propriedades das paredes celulares. A celulose é o principal componente das paredes celulares e das fibras. Os teores de humidade, cinzas, extrato, lenhina e α-celulose foram medidos na matéria-prima de acordo com o método de Jayme-Wise e os resultados são apresentados em base seca.

3.3.5.2 Teor de cinzas:

Os cadinhos vazios foram inflamados na mufla a 600°C. Após a ignição, os cadinhos foram colocados num dessecador. Quando arrefecidos à temperatura ambiente, pesaram-se os cadinhos na balança analítica. Colocaram-se 2 g de amostras secas no cadinho. Os cadinhos com o conteúdo foram colocados na mufla e incendiaram-se durante 2 horas. A temperatura de ignição final foi de 600°C. Remover os cadinhos com o seu conteúdo para um dessecador, colocar a tampa de forma solta, arrefecer e pesar com precisão. A seguinte fórmula foi utilizada para obter a percentagem de cinzas:

$$Ash\% = \frac{Wf}{Wi} \times 100 \dots\dots\dots\dots\dots\dots\dots\dots\dots\dots\dots\dots\dots\dots\dots\dots\dots\dots3.7$$

Onde:

Wi é o peso inicial da amostra
Wf é o peso final da amostra

3.3.5.3 Análise espectroscópica (análise por espetroscopia de infravermelhos com transformada de Fourier :

A espetroscopia de pó; espetroscopia de infravermelho IR é utilizada para caraterizar a matéria-prima e as amostras tratadas de fibras celulósicas. Estas técnicas são úteis para estudar as alterações químicas e estruturais que ocorrem no componente da fibra. O objetivo da utilização da FTIR é medir as alterações da estrutura das amostras de celulose obtidas por extração, deslenhificação e tratamento alcalino para separação da α-celulose e comparar o resultado com a celulose existente na matéria-prima e com a celulose pura de algodão medicinal.

O espetrómetro FTIR foi utilizado para identificar qualitativamente as alterações químicas nas amostras pré-tratadas de celulose e no produto α-celulose. As amostras foram medidas utilizando um espetrofotómetro de infravermelhos (Shimadzu) modelo 8400s com o software IR-solution figure (3.4). Para o cristal, foram preparados discos de brometo de potássio. Primeiro, misturam-se 2,0 mg de amostra seca, finamente moída, com 200 mg de KBr numa percentagem de 1:100 num almofariz de ágata e num pilão para obter uma mistura homogénea, que é colocada numa prensa hidráulica de laboratório, onde o corante evocável flui, pressionando-o sob uma pressão de 75 KN/cm^2 . Depois de libertar a pressão, a matriz é retirada e desmontada para obter pastilhas de KBr transparentes de 13 mm. A pastilha foi colocada num suporte e colocada no feixe de amostras de um IR. O FTIR foi ligado e o modo de medição foi selecionado. A taxa de resolução espetral foi de 2 a 4 cm^{-1} e os espectros foram registados no modo de bandas de absorção nas gamas de varrimento de 400 a 4000 cm .$^{-1}$

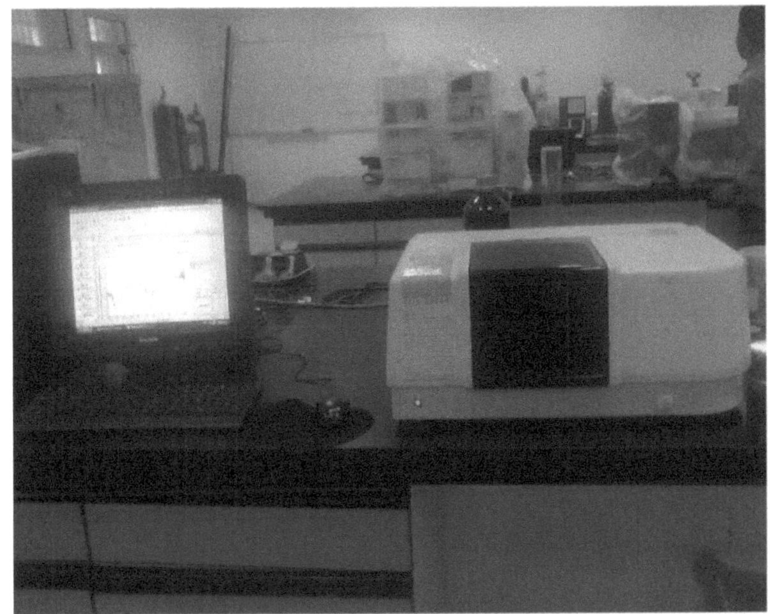

Fig (3.4): Um instrumento de espetro de infravermelhos (Shimadzu, modelo 8400s)

Capítulo IV

Resultados e discussões

Resultados e discussões

4.1 Resultados:-

4.1.1 Composição química:

São registados os resultados da análise química do bagaço de cana-de-açúcar, da palha de arroz, dos caules de durra e das cascas de amendoim. Utilizando as técnicas descritas no ponto 3.3, os constituintes presentes no espécime não tratado e os vários constituintes isolados (extrato, lenhina, celulose pura e α-celulose) são obtidos após um ensaio em duplicado e apresentados nos quadros (4.1), (4.2) e (4.3). A tabela (4.4) apresenta a α-celulose e as hemiceluloses (β-,γ-celulose) que são obtidas a partir da celulose pura.

Os pesos dos materiais de partida e os obtidos em cada fase de tratamento foram todos obtidos em base seca, incluindo a percentagem (%) de celulose total, lenhina, extrato e α-celulose. Os resultados indicam que os teores totais de celulose pura e de α-celulose dos materiais investigados se situam nos intervalos de (54,15-66,15%) e (39,3-55,3%), respetivamente, sendo estes dados também apresentados esquematicamente na figura (4.1).

Tabela (4.1): Análise química para o conteúdo total de celulose e indesejáveis para os materiais estudados1 ensaio

Material	Sample (gm)	Organic phase extract (gm)	Residue (gm)	Lignin (gm)	Total Cellulose (gm)
Bagasse	3.00	0.42	2.58	0.60	1.98
Rice straw	3.00	0.45	2.55	0.62	1.93
Dura stalk	3.00	0.52	2.48	0.85	1.63
Groundnut shell	3.00	0.31	2.69	0.76	1.93

Tabela (4.2): Teor total de celulose e os indesejáveis dos quatro materiais investigados2 ensaio

Material	Sample (gm)	Organic phase extract (gm)	Residue (gm)	Lignin (gm)	Total Cellulose gm
Bagasse	3.00	0.4	2.60	0.61	1.99
Rice straw	3.00	0.44	2.56	0.63	1.93
Dura stalk	3.00	0.59	2.41	0.78	1.63
Groundnut shell	3.00	0.34	2.66	0.75	1.91

Tabela (4.3): Análise química de indesejáveis para os materiais estudados

Material	Sample (gm)	Organic phase extract %	Residue %	Lignin %	Ash %
Bagasse	3.00	13.65	86.35	20.16	1.70
Rice straw	3.00	14.8	85.2	20.8	3.6
Dura stalk	3.00	18.5	81.5	27.16	6.76
Groundnut shell	3.00	10.8	89.2	25.16	6.6

Tabela (4.4): Teores de α-, β-, e γ-Celulose da celulose pura obtida dos quatro materiais estudados.

Material	Sample gm	Total Cellulose %	β- + γ- Cellulose %	α-Cellulose %
Bagasse	3.00	66.16	25.7	40.3
Rice straw	3.00	64.3	25.0	39.3
Dura stalk	3.00	54.3	11.7	42.7
Groundnut shell	3.00	64.0	9.0	55.3

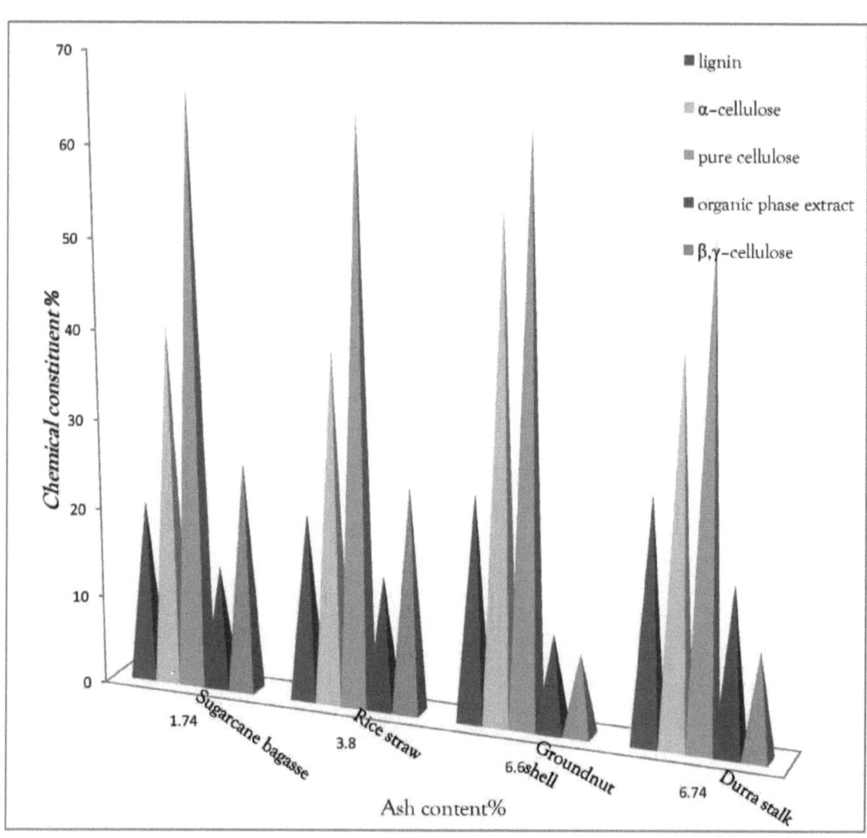

Fig(4.1)Representação esquemática dos vários constituintes de cada material

4.1.2 Análise espectroscópica FTIR:

Utilizando a técnica descrita no ponto 3.3.5.3, os dados brutos são apresentados no apêndice de padrões. Os grupos funcionais correspondentes a este padrão são listados nas tabelas (4.5), (4.6), (4.7) e (4.8).

Tabela (4.5) Padrões de IR para bagaço de cana-de-açúcar

Peaks of raw material (Cm^{-1})	Transmittance %	Peaks of α-cellulose (Cm^{-1})	Transmittance %	Peaks of reference (Cm^{-1})	Transmittance %	Functional group
3423.41	68.8	3442.7	51	3368.59	17	OH stretching vibration
2918.10	78.2	2900.74	66	2901.11	31	C–H stretching vibration
1631.67	79.8	1639.38	71.9	1638.36	44.2	H$_2$O absorption
1373.22	75.3	1373.22	63	1372.3	28.5	C–H bending
1045.35	56.3	1062.7	47.7	1058.76	14.1	C–O–C bending
902.62	82.7	896.84	69.3	896.52	32.1	C–O stretch& deformation
655.75	78.8	663.47	64.6	667.84	30.5	O–H bending

Tabela (4.6) Padrões de IR para a palha de arroz

Peaks of raw material (Cm⁻¹)	Transmittance %	Peaks of α- cellulose (Cm⁻¹)	Transmittance %	Peaks of reference (Cm⁻¹)	Transmittance %	Functional group
3419.56	53.6	3421.48	51.2	3368.59	17	OH stretching vibration
2920.03	67	2914.24	61.6	2901.11	31	C–H stretching vibration
1631.67	66.9	1637.45	64.7	1638.36	44.2	H_2O absorption
1371.29	65.5	1371.29	61.4	1372.3	28.5	C–H bending
1066.56	49.8	1066.56	53.1	1058.76	14.1	C–O–C bending
900.00	71	895.84	66	896.52	32.1	C–Ostretch& deformatio
667.32	67.8	667.32	63	667.84	30.5	O–H bending

Tabela (4.7) Padrões de IR para o talo de Durra

Peaks of raw material (Cm^{-1})	Transmittance %	Peaks of α-cellulose (Cm^{-1})	Transmittance %	Peaks of reference (Cm^{-1})	Transmittance %	Functional group
3419.56	54.8	3425.34	61	3368.59	17	OH stretching vibration
2921.96	57.2	2904.60	67.8	2901.11	31	C–H stretching vibration
1633.59	66	1635.52	68.9	1638.36	44.2	H_2O absorption
1371.29	64.8	1371.29	66.3	1372.3	28.5	C–H bending
1061.13	53.2	1064.63	60.1	1058.76	14.1	C–O–C bending
898.77	70.5	896.84	67.5	896.52	32.1	C–Ostret& deformation
663.47	67.2	669.25	65.5	667.84	30.5	O–H bending

Tabela (4.8) Padrões de IR para a casca de amendoim

Peaks of raw material (Cm⁻¹)	Transmittance %	Peaks of α-cellulose (Cm⁻¹)	Transmittance %	Peaks of reference (Cm⁻¹)	Transmittance %	Functional group
3398.34	72.8	3431.13	46.8	3368.59	17	OH stretching vibration
2923.88	79.7	2908.45	63	2901.11	31	C–H stretching vibration
1647.10	80	1602.74	61.8	1638.36	44.2	H_2O absorption
1371.29	81.4	1371.29	64.5	1372.3	28.5	C–H bending
1058.85	73	1031.85	53.4	1058.76	14.1	C–O–C bending
900.70	90	896.84	80.3	896.52	32.1	C–O str& deformation
630.68	87.8	663.47	78.8	667.84	30.5	O–H bending

Usando os dados mostrados por essas tabelas e utilizando o software matlab, foram realizados gráficos de pico e comparados estatisticamente a α-celulose com as amostras brutas inteiras, as figuras (4.2) a (4.5) mostram que. Enquanto a curva azul é uma representação do algodão de referência, a curva verde representa a matéria-prima e a curva vermelha representa a α-celulose isolada.

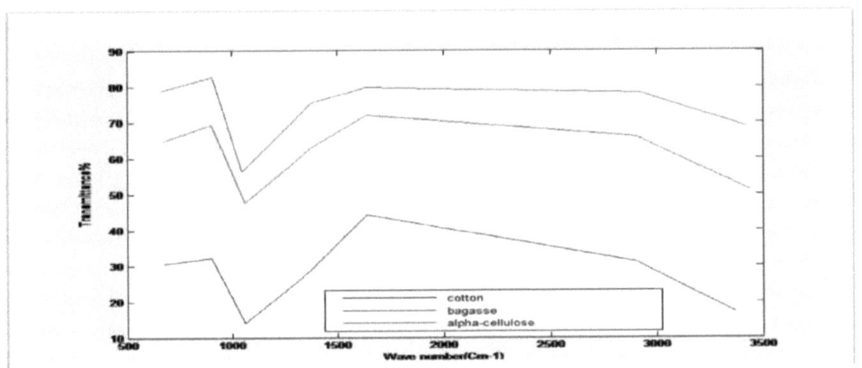

Fig (4.2) Representação esquemática dos dados do bagaço

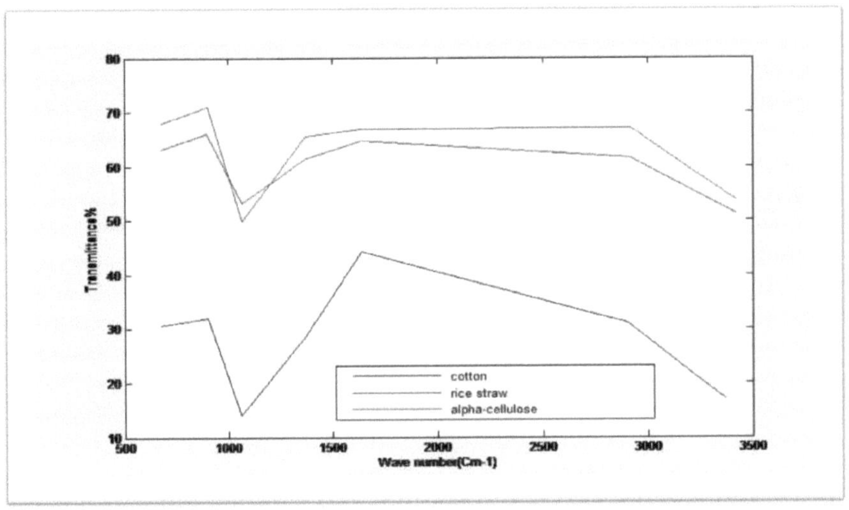

Fig(4.3) Representação esquemática dos dados da palha de arroz

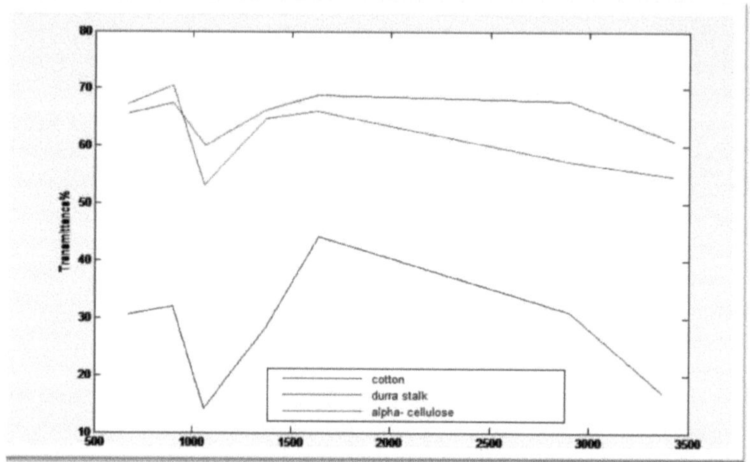

Fig (4.4) Representação esquemática dos dados da Durra

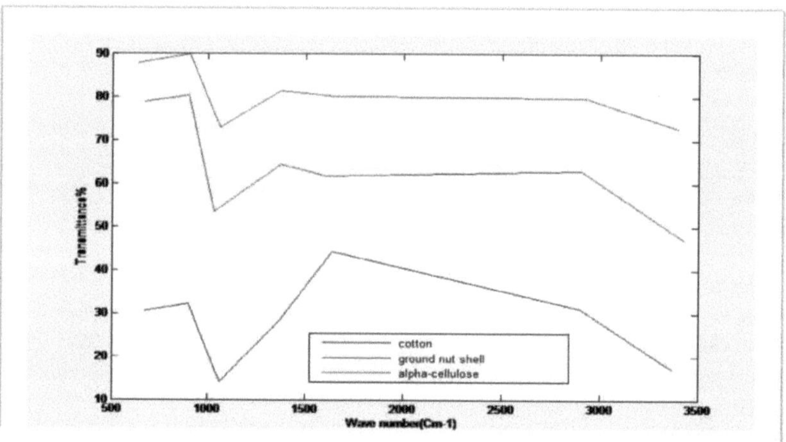

Fig (4.5) Representação esquemática _ dos dados da casca de amendoim

4.2 Discussão:-

- Pode ser tentador utilizar teores de celulose que não a α-celulose para prever o teor real desta última. No entanto, este estudo mostra que não existe qualquer correlação entre o teor total de celulose numa fonte, ou o seu teor de alfa e o seu teor de lenhina (aglutinante) ou hemiceluloses ou cinzas. Observa-se nas Tabelas (4.3) e (4.4) e na Fig. (4.1) que todos os quatro materiais testados têm aproximadamente o mesmo valor de teor de celulose total, mas a casca de amendoim destaca-se com um teor de α-celulose mais elevado. Também se nota que o teor de cinzas da casca de amendoim é significativamente elevado, mas isso não impediu que este material tivesse um teor de α-celulose mais elevado do que as outras três fontes. A importante lição aprendida é que o teor total de celulose de uma fonte vegetal, ou o teor de lenhina ou de cinzas, não podem ser utilizados como critérios fiáveis para avaliar a utilidade de uma fonte vegetal para a produção de nitrocelulose.

- Os valores obtidos para a α-celulose são bastante inferiores aos registados por outros investigadores. Ambos os conjuntos de dados são limitados; os valores obtidos neste estudo são demasiado baixos ou os outros são demasiado elevados, dado que os métodos utilizados são bastante semelhantes. Estes métodos envolvem uma série de fontes de erro, nomeadamente:

- A celulose útil pode ser removida com ingredientes não celulósicos, durante o processo de extração inicial.

- O processo de deslenhificação pode remover a celulose pura com lenhina por aprisionamento ou de outra forma.
- A fonte mais provável de erro poderá ser o isolamento da α-celulose das hemiceluloses, dada a semelhança da sua natureza química.

- Comparando os espectros de IV obtidos nas quatro fontes vegetais e os obtidos na celulose de algodão pura (utilizada como referência), observa-se uma correspondência muito próxima, a discrepância não excede ~ 0,022%. Provavelmente, a observação mais importante nestes espectros é a presença do pico de absorção em (3000-3500), que é caraterístico do grupo OH. Este grupo desempenha um papel importante durante a reação de nitração para a produção de nitrocelulose.

- No futuro, poder-se-á trabalhar na formulação de uma relação quantitativa entre a intensidade deste pico e o grau de nitração, sendo este último um parâmetro importante no fabrico de nitrocelulose.

Capítulo Cinco

Conclusões e recomendações

Conclusões e recomendações

5.1 Conclusões:

1. Estudos anteriores mostraram que as fibras de algodão produzem o teor mais elevado de α-celulose, ~ 96%. No entanto, a relação custo-eficácia impede que esta fonte de α-celulose seja altamente atractiva, sendo necessário identificar fontes menos dispendiosas, especialmente as locais. Apenas quatro fontes de resíduos agrícolas foram investigadas neste estudo, sendo necessário investigar uma lista mais alargada.

2. O estudo demonstrou que *a extração líquido-sólido* e *a hidrólise alcalina* são métodos adequados para o isolamento da α-celulose a partir de fontes vegetais. No entanto, o mesmo não pode ser dito sobre os materiais empregues nos vários processos.

3. Comparando o teor de α-celulose dos quatro materiais investigados, a casca de amendoim é a melhor fonte de α-celulose.

5.2 Recomendações:-

1. O teor de α-celulose obtido a partir do material estudado é bastante baixo, pelo que se recomenda o estudo de outras fontes que possam fornecer valores mais elevados.

2. O presente estudo limitou-se a apenas quatro fontes de α-celulose, todas elas materiais baratos (resíduos agrícolas). É necessário criar uma base de dados mais alargada que abranja fontes locais de celulose pouco dispendiosas.

3. Os materiais utilizados neste e noutros estudos são limitados (etanoltolueno 2:1, clorito de Na ácido, NaOH a 18%). A eficácia destas formulações não foi determinada de forma sistemática, pelo que devem ser tentados métodos de isolamento que sejam provavelmente mais eficazes.

4. Por si só, não podemos dizer que um determinado material é adequado para a produção de α-celulose, a menos que especifiquemos o ambiente de produção da planta. A casca de amendoim produzida numa sobremesa semi-árida e arenosa do norte do estado do Cordofão pode não ser a mesma que os resíduos produzidos num solo argiloso do estado de Gezira.

Referências

Referências

1. Abbakar, M.A., "Production of nitrocellulose from Sudanese cotton linter", tese de mestrado, Omdurman, Karary University, 2006.
2. Saijonkari, K., "Non wood plant as pulp and paper", Universidade de Pahkala, Finlândia, novembro de 2001.
3. Varshney, K., & Naithani, S., "Chemical Functionalization of Cellulose Derived from Nonconventional Sources", Springer, Berlin Heidelberg ,2011.
4. http://www.fibersource.com/tutor/ "cellulose chemistry", 2005.
5. Urbanski, T., "Chemistry and Technology of Explosives", Vol. II, 1st .ed, Pergamon press, Warsuzwa,1965.
6. Neil, S. et al., "Chemical Compounds", Thamson Gale, China, 2005.
7. http://www.code.pediapress.com, "Chemistry of life", maio de 2013.
8. Luo M., et.,al., "Method for production of cellulose derivatives and the resulting product",Weyerhaeuser,USA,2003.
9. Feng , Xu., et., al., "Isolamento e caraterização da celulose obtida a partir de bagaço de cana-de-açúcar irradiado por ultra-sons", Universidade Florestal de Pequim, Pequim, junho de 2006.
10. Gillham, J. "Study of the alpha-cellulose of white Britsh", McG ILL, Montreal, Canadá, maio de 1958.
11. Siqueira, et.,al., " Cellulosic Bionanocomposites; A Review of Preparation, Properties and Applications", *Polymers ,vol. 2*, p.728-765,Lulea University of Technology, 2010.
12. Worden E.C., "Nitrocellulose industry", vol. 2, D.Van Nostrand, Nova Iorque, 1911.
13. Liebert, T., "Cellulose Solvents - Remarkable Hi story,Bright Future", Universidade de Jena, Alemanha, Dez, 2010.
14. Lindblom, T., "Reaction in the system nitrocellulose/diphenyleamin", Universidade de Uppsala, Suécia, 2004.
15. Liu, Y., "Recent Progress in Fourier Transform Infrared (FTIR) Spectroscopy Study of Compositional, Structural and Physical Attributes of Developmental Cotton Fibers",Material,vol.6,p.299-313june2013.
16. Urbanski, T., e Siemaszko, A., "On nitration of cellulose with nitryle chlorite",Polonaise des sciences, vol5. no12, Warsuzwa,1957.
17. http://www.wiley-vch.de/books/biopolymer/ "cellulose".
18. Hoover,S.,& Mollen,E., "Effect of acitylation on sorption of water by cellulose",Philadelphia.
19. http://www.wiley-vch.de/books/sample/"Polymersas Binders and Plastificantes - Perspetiva histórica", dezembro de 2011.
20. Louise, E., e Macfarlane, C., "Comparison of cellulose extraction methods for analysis of stable isotope ratios of carbon and oxygen in plant material", *Heron publishing, Canadá, 2005.*
21. Homer,F. et al., "Adaptation of the Jayme-Wise proceedure for determination of principle compound of fiber in sugar cane bagasse varieties", University of Guyana,Turkia,22/10/2003.
22. http://www.en.wikipedea.org/wiki/ "cellulose History",.
23. Khan, M., e Raza S., "Cellulose content of the fiberous materials of Pakistan "journal chemical society Pakistan, vol.27,no.1,Lahore,2005.
2 4. Strunk, P., "characterization of cellulose pulps and the influence of their properities

on the process and the production of viscose and cellulose ethers", Suécia ,2012.

25. Hoenich,N., "Cellulose for medical application", Bioresources, vol. 1(2), 2006, p.270-280, Universidade de Newcastle.

26. Kevin, J., et al., "Purity and isotopic results from a rapid cellulose extraction method", Palisades, Columbia, 27 de setembro de 2007.

27. Wyman C., et. al., "hydrolysis of cellulose and hemicelluloses", Marcel Dekker, 2005.

28. Kim B.,et.,al., "Alkaline Hydrolysis/Biodegradation of Nitrocellulose Fines", Government printing Office, USA,1998.

29. http://www.intechopen.com/books/woven-fabrics/"alkali tratamentos alcalinos de tecidos de liocel", Universidade de Innsobruch, Áustria, 2012.

30. Otulugbu K., "Production of ethanol from cellulose(sawdust)", 2012.

Apêndices

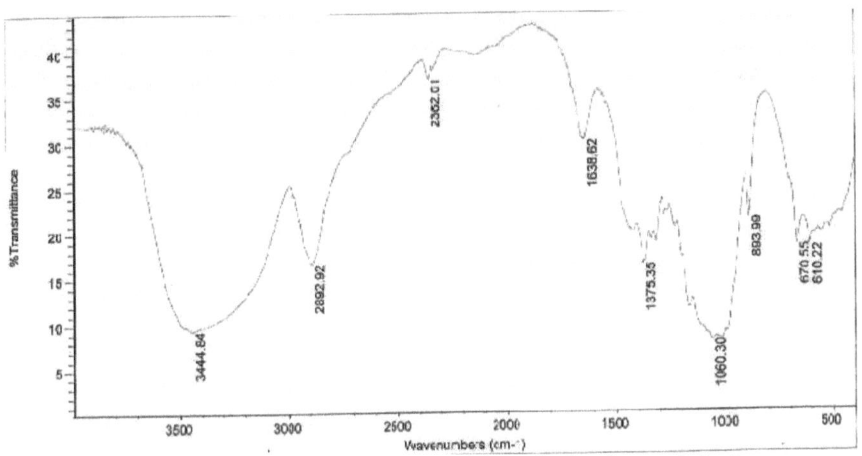

Apêndice A-1: Padrões IR para celulose de algodão medicinal

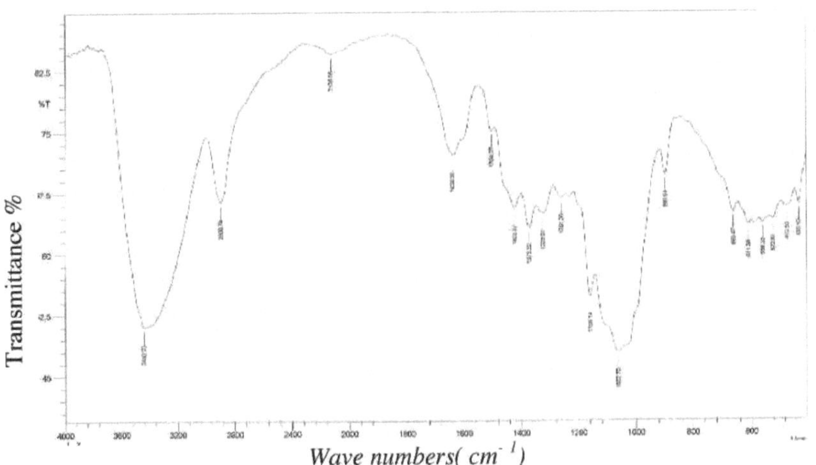

Apêndice A-2: Padrões IR para bagaço de cana-de-açúcar bruto

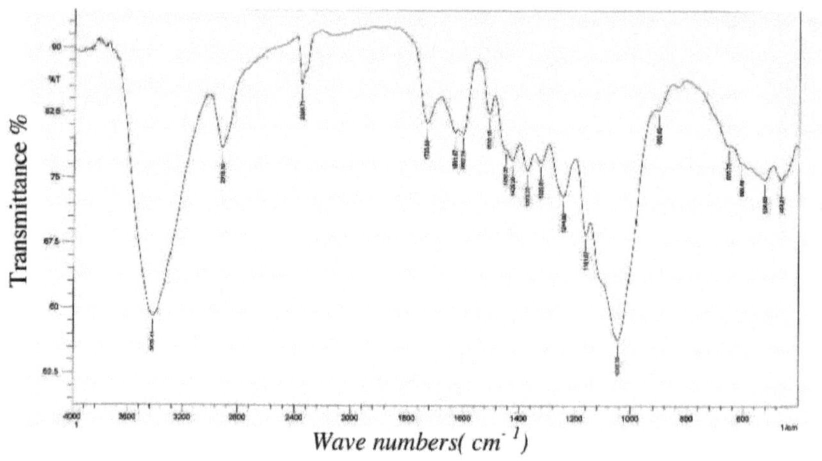

Apêndice A-3: Padrões IR para α-celulose de bagaço

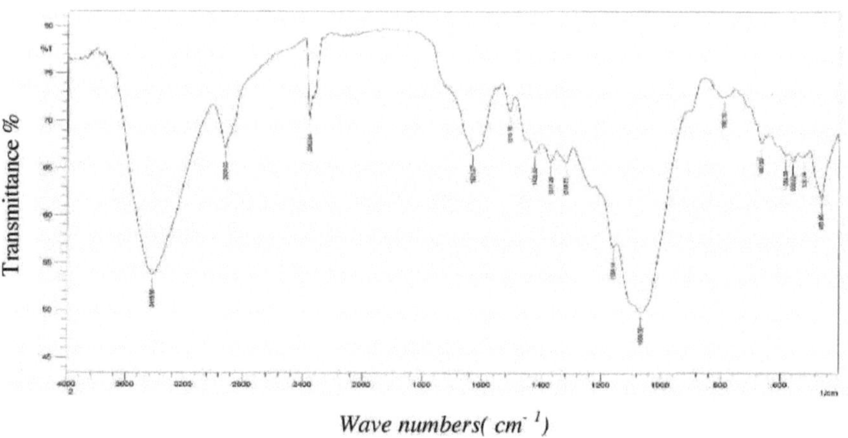

Apêndice A-4: Padrão IR para a palha de arroz em bruto

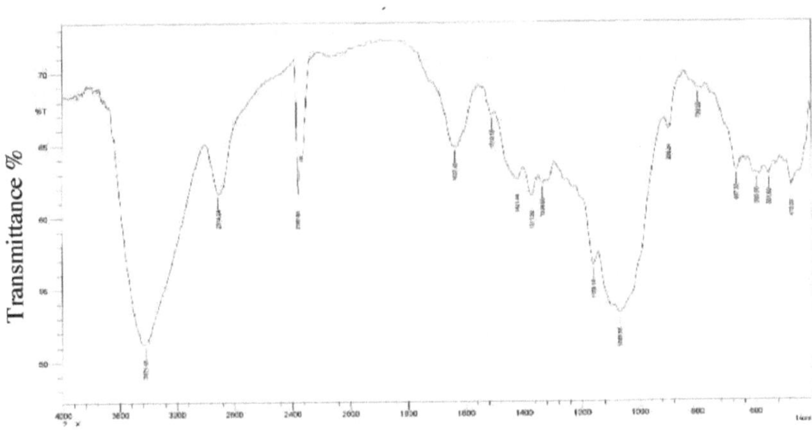

Wave numbers(cm⁻¹)

Apêndice A-5: Padrão de infravermelhos para a α-celulose de cepa de arroz

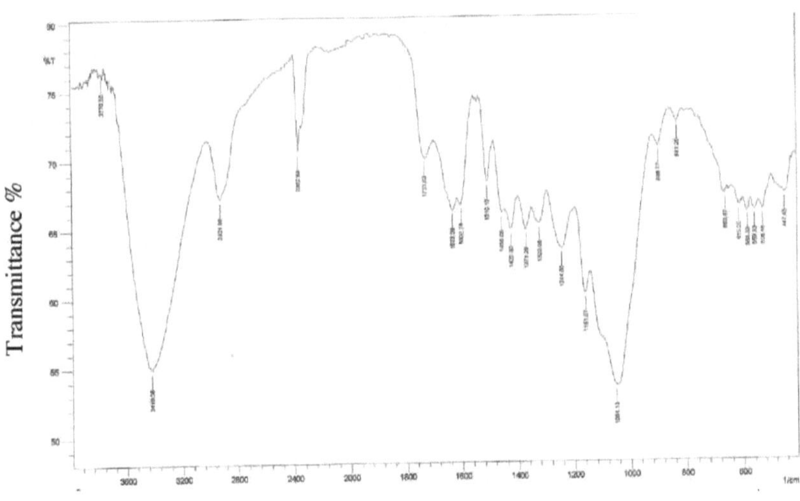

Wave numbers(cm⁻¹)

Apêndice A-6: Padrão IR para o caule de durra cru

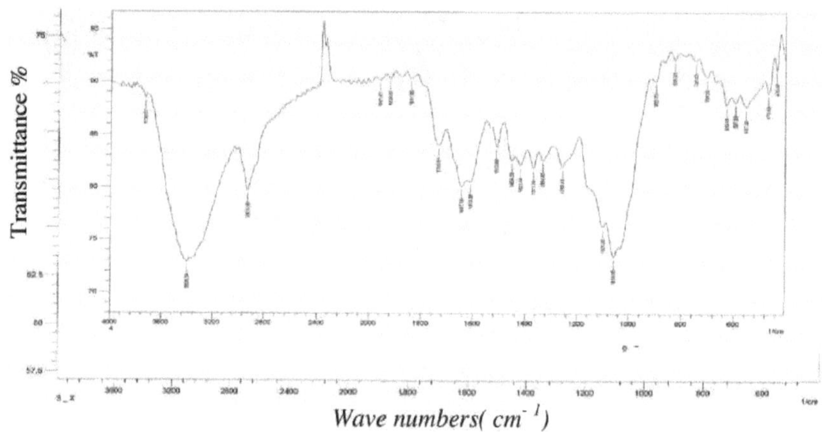

Apêndice A-7: Padrões de IV para α-celulose de caule de durra

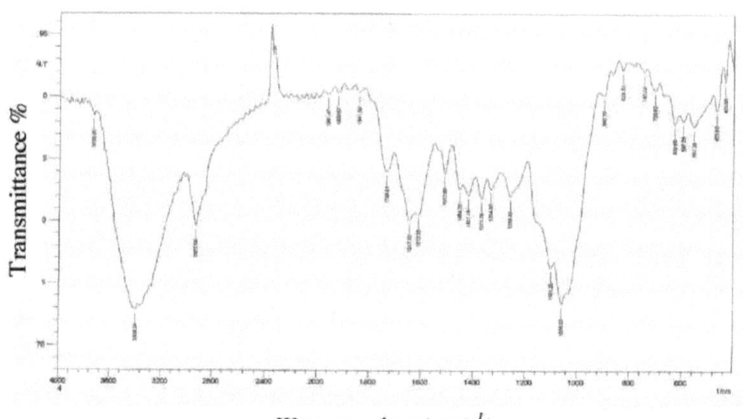

Apêndice A-8: Padrões IR para a casca de amendoim crua

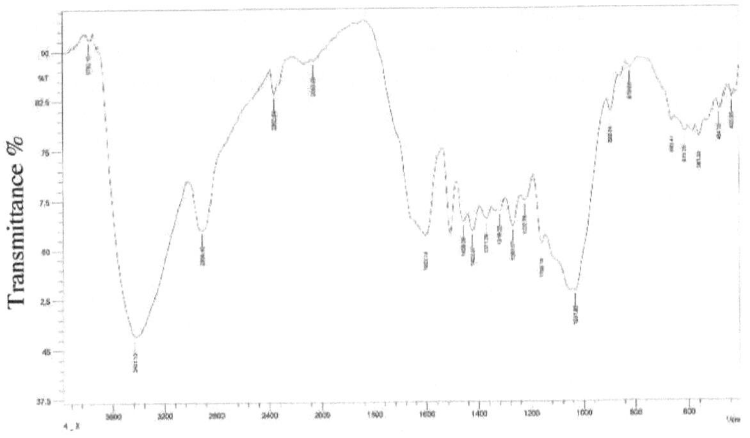

Wave numbers(cm^{-1})

Apêndice A-9: Padrões IR para α-celulose da casca de amendoim

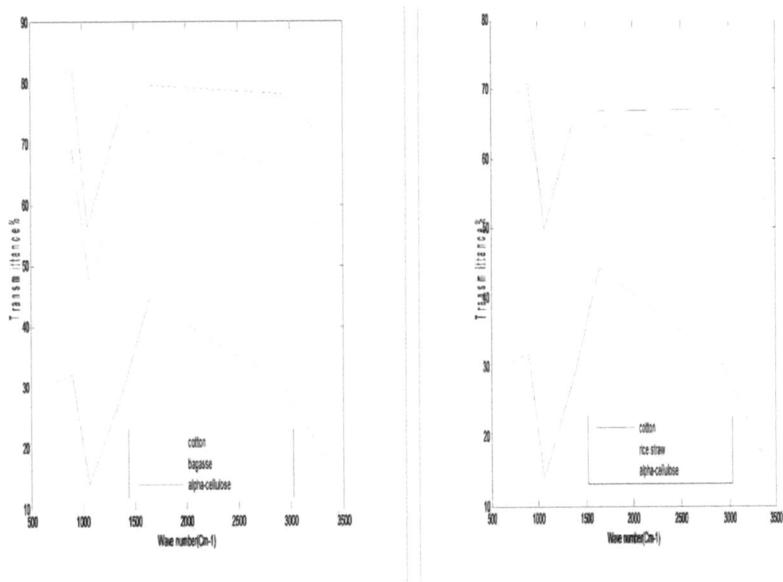

Apêndice B-1: *Representação esquemática dos dados do bagaço*

Apêndice B-2: *Representação esquemática dos dados da palha de arroz*

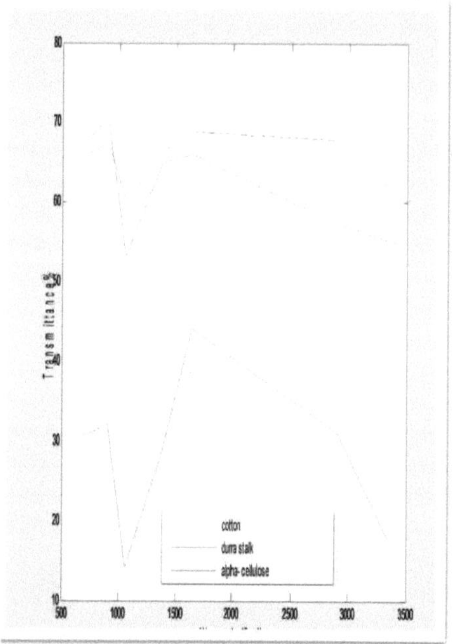

Apêndice B-3: *Representação esquemática para dados de Durra stalk*

Apêndice B-4: *Representação esquemática para dados da casca de amendoim*

yes
I want morebooks!

Buy your books fast and straightforward online - at one of world's fastest growing online book stores! Environmentally sound due to Print-on-Demand technologies.

Buy your books online at
www.morebooks.shop

Compre os seus livros mais rápido e diretamente na internet, em uma das livrarias on-line com o maior crescimento no mundo! Produção que protege o meio ambiente através das tecnologias de impressão sob demanda.

Compre os seus livros on-line em
www.morebooks.shop

Printed by Books on Demand GmbH, Norderstedt / Germany